聖凱師的
居家料理小教室

（47道）

超人氣料理
拯救沒梗的餐桌菜色

黃聖凱 著

料理方式沒
好吃就行

聖凱師：

「如果你已經是專業廚師，請你不要看，
但如果你只是想要讓廚藝精進一些、讓下廚輕鬆一點，
那你一定要帶走這本書！」

有一定，

！

目　錄

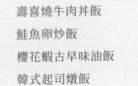

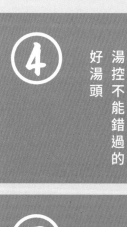

1

一碗吃飽
飯料理

飯料理故事 /

累的時候，
好好吃飯。

現在大家都在找尋能療癒自己的事，有人覺得「夾娃娃好療癒」、「打電動好療癒」、「吃甜點好療癒」，但對我來說，最療癒的事就是好好吃一碗飯。

我大概十七、八歲就出社會了，那時候在三重一家台菜宴客餐廳做內場，營業時間的廚房就像戰場，隨時都要繃緊神經，一整天下來，真的是只有一個「累」字能形容。因為還是個資淺的菜鳥，不到可以掌鍋鏟的級數，廚房雜事自然都落在我身上，下班往往都是深夜。

身體的疲累睡一覺就能恢復，但內心對未來的迷惘卻令人無止境地感到焦慮。當我走在下班的路上，總會忍不住思索自己現在的一切是不是自己想要的……

有一回，我帶著同樣疲累的身軀和各種思緒走在冬夜的街頭，走著走著，眼前出現一間毫不起眼的小攤子（就是那種散發著微弱燈光、舊舊的手推車路邊攤），鍋爐上冒出幾縷白色的熱氣，我莫名被吸引，坐了下來。

當時的我收入不多，摸摸口袋的零錢，心想還是能省則省吧。於是什麼小菜、米粉湯都沒點，只跟老闆說：「滷肉飯一碗，請飯多給我一點，滷汁少點沒關係。」

老闆走過來，給了我一大碗滿滿的滷肉飯，說：「年輕人多吃一點沒關係。」

我捧起這碗飯，一口接著一口地吃，滷肉肥瘦均勻，滷汁混著豬油香氣包裹著米粒，油亮油亮的，像閃著微光，點亮淒冷的夜晚。這也許不是我吃過最好吃的滷肉飯，但卻是我吃過最溫暖的一碗飯，氣溫是冷的但我的內心卻是熱的。

那份感覺，至今我仍忘不了。

我一直很感懷這段際遇，那一碗簡單的滷肉飯徹底療癒了我，那個當下我忘記了勞累也放下了煩憂。因為我吃下的不僅是醍醐味，更是療癒人心的人情味。

壽喜燒
牛肉丼飯

特調醬汁加上半熟的溫泉蛋，鹹鹹甜甜好下飯！
這是一道肉多洋蔥也多的壽喜燒丼飯，
滿滿的蛋黃液裹上鮮嫩的牛肉，比外面店家賣的更入口即化！

材料

無骨牛小排切片 — 250 克　　　汆燙好的花椰菜 — 數朵

洋蔥切絲 — $\frac{1}{4}$ 粒　　　　　七味粉 — 適量

雞蛋（溫泉蛋）— 1 顆　　　　蔥花 — 適量

醬汁

熱開水 — 350c.c.　　　　味醂 — 50c.c.

醬油 — 50c.c.　　　　　柴魚粉 — 1 小匙

砂糖 — 50c.c.

・小秘訣・

溫泉蛋怎麼做？

準備一鍋 700c.c. 的熱水，加入 300c.c. 的常溫水，將雞蛋整顆放入溫度調和好的水中，讓蛋「泡」在水中約 15 分鐘，即成。

1. 特調醬汁：
   熱開水：醬油：砂糖：味醂
   比例為 7:1:1:1。
   再加入少許柴魚粉，備用。

2. 鍋內下少許油，油鍋熱了之後，放入洋蔥大火炒香 1 分鐘。加入特調醬汁，以大火煮滾 3 分鐘。

③

3. 洋蔥煮軟後加入牛肉，待牛肉稍微過色後，即可起鍋倒在盛好的白飯上。

4. 加入溫泉蛋、花椰菜，並灑上七味粉和蔥花，即可開動！

④

鮭魚卵炒飯

粒粒分明，吃起來嗶嗶啵啵！
這是一盤飯香、魚香、蛋也香的鮭魚炒飯，
再加上晶瑩剔透的鮭魚卵，色鮮味俱全！

洋蔥末、玉米粒、小黃瓜丁 — 適量
(配料可依個人口味改換)

鮭魚切丁 — 適量

鮭魚卵 — 適量

白飯 — 1 碗

雞蛋 — 1 顆

醬油 — 少許

七味粉 — 適量

蔥花 — 適量

·小秘訣·

要炒出粒粒分明的炒飯，把配料和飯分開炒是最容易成功的方式。炒飯時切記不要壓飯，應該用「戳」的方式將飯戳散。

---

1. 起油鍋，洋蔥、玉米、小黃瓜下鍋爆香，稍微拌炒後，放入鮭魚丁一起拌炒。

2. 鮭魚約 7 分熟時，將所有炒料往上推，留出鍋面位置，打入雞蛋，再將所有炒料與蛋拌勻，起鍋備用。

②

3. 起油鍋，倒入白飯，倒的時候可用撥的方式把飯撥入炒鍋中，以減少結塊。

4. 將白飯炒鬆後，加入步驟 2 的炒料、醬油，以小火拌炒。加入七味粉炒香，即可盛盤。

④

5. 加上鮭魚卵、蔥花，即可開動！

櫻花蝦古早味油飯

印象中工序繁複的油飯,也能快速料理!
要吃到櫻花蝦油飯通常得在餐館或宴客場合,
這裡教你用最簡便的方式在家做出料香味美、油而不膩的古早美味!

材料

中式早餐店飯糰 — 約 300 克
（也可自己煮，糯米浸泡 3～5 小時後，電鍋外鍋放 1 杯水蒸煮）

乾櫻花蝦 — 少許

油 — 80~100 c.c.（可依個人口味調整）

紅蔥頭碎丁 — 2~3 粒

香菇切片（香菇水留著）— 數朵

三層肉切條 — 100 克

五香粉 — 3~5 克

薑泥 — 2~3 克

胡椒粉 — 少許

醬油 — 10 克

香菜 — 少許

1. 煉蝦油：
   起油鍋，油量約 80~100c.c.，小火。放入櫻花蝦，煉煮約 1~2 分鐘，有香氣時即可關火，分別濾出蝦油和櫻花蝦備用。

2. 利用炒鍋裡殘餘的油爆香紅蔥頭和香菇片，再加入三層肉，拌炒 3~5 分鐘至肉呈金黃色微焦，加入五香粉、薑泥、胡椒粉一起拌炒，再加入醬油和香菇水。

3. 將煮熟的糯米放入鍋中，再倒入步驟 1 的蝦油，像炒飯一樣用「戳」的方式拌炒入味後，將湯汁收乾，加入約一半的櫻花蝦拌勻，起鍋盛盤。

4. 取適量櫻花蝦裝飾在油飯上，食用前加點香菜，即可開動！

韓式
起司燉飯

每一口都滿足，現吃或帶便當都好吃！
這是一道創意料理，韓式口味搭上義式燉飯，
每顆飯粒吸飽濃濃的醬汁，
爽辣的口感變得溫潤更有層次了！

材料

洋蔥切丁 — 半粒	牛奶 — 200c.c.
培根切丁 — 2~3 片	白飯 — 1 碗
胡椒粉 — 適量	起司片 — 2 片
鹽 — 少許	韓式辣椒醬 — 2 匙

1. 大火起油鍋，油鍋熱了以後，放入洋蔥丁、培根丁炒香。

2. 加入適量的胡椒粉、鹽巴少許和牛奶後，依個人口味喜好加入韓式辣椒醬。

3. 放入白飯和起司片增添香氣和黏稠度。轉小火，攪拌約2~3分鐘，讓醬汁慢慢收乾即完成。

· 小秘訣 ·

收汁時關小火，要持續地慢慢攪拌，以免燉飯燒焦。

奶油
海鮮燉飯

賣相極好，配料隨心所欲！

人人都愛的海鮮燉飯，

米飯吸收了滿滿的奶油和海鮮甜味，滋味真是迷人！

材料

洋蔥切丁 － $\frac{1}{4}$ 粒

蝦仁（或白蝦、花枝、蟹肉、干貝）－ 適量

奶油 － 20 克

牛奶 － 200c.c.

起司片 － 2 片

黑胡椒粒 － 少許

鹽 － 少許

白飯 － 1 碗

1. 大火起油鍋，油鍋熱了之後，
   放入洋蔥丁、蝦仁等海鮮料
   和奶油一起炒香。

2. 加入白飯、黑胡椒粒、鹽、
   牛奶、起司片。

3. 轉小火，攪拌約 2 ～ 3 分鐘，
   收汁起鍋。

・小秘訣・

用隔夜飯或是現煮的飯來煮燉飯都是可以的，要注意的是必須全
程使用小火，慢慢攪拌收汁，以免焦掉。

沙茶
牛肉燴飯

每一口都是想念！
在台灣幾乎家家戶戶都有沙茶醬，
除了當作沾醬之外，是不是還有其他的料理方式？
這裡教大家做出經典的燴飯料理。

材料

洋蔥切絲 － 半粒	柴魚粉 － 1 小匙
紅蘿蔔切絲 － $\frac{1}{4}$ 根	醬油 － 少許
菠菜 － 1 把	香油 － 少許
蔥段 － 適量	胡椒粉 － 適量
牛肉切絲 － 200 克	沙茶醬 － 3 匙
太白粉 － 少許	糖 － 少許
	白飯 － 1 碗

1. 牛肉絲抓少許太白粉備用。

2. 大火起油鍋，油鍋熱了以後放入洋蔥絲、紅蘿蔔絲炒香，加入抓過粉的牛肉絲和菠菜、蔥段拌炒。

3. 加入少許開水，煮滾後開始調味。加入沙茶醬、柴魚粉、醬油、糖、胡椒粉，最後倒入少許太白粉水勾芡。

4. 準備一碗白飯，淋上煮好的醬汁，點上少許香油即可開動！

・小秘訣・

用太白粉抓醃牛肉，能讓牛肉下鍋後仍保有滑嫩的口感。

最後「點香」淋香油是一定要試試看的美味訣竅，能讓料理提升到另一個層次。

如果你想試試「羊肉」沙茶燴飯，則可先將羊肉炒出油，再依照步驟 2、3 依序加入配料和調味料。

滑蛋
蝦仁蓋飯

這是一道小朋友超愛的料理。

嫩嫩的滑蛋，Q彈的蝦仁，口感豐富，保證讓人一口接一口！

材料

蝦仁 — 少許

雞蛋 — 3 顆

蒜末 — 少許

氽燙好的蘆筍切段 — 少許

蔥段 — 少許

胡椒粉 — 適量

香油 — 少許

太白粉芡水 — 適量

柴魚粉 — 2 小匙

白飯 — 1 碗

1. 起油鍋爆香蒜末、蔥段、蘆筍，再放入洗淨的蝦仁一起拌炒。

2. 倒入少許開水，加入調味的胡椒粉、柴魚粉。接著倒入少許太白粉水勾芡。

3. 最後趁鍋內醬汁大滾時倒入蛋汁。先不攪拌，等待約 5 秒後關火，再微微順時針繞圓攪拌。

4. 準備白飯，淋上醬料再點上少許香油，即可開動！

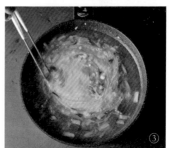

・小秘訣・

滑蛋的秘訣是在倒入蛋汁的同時關火，接著輕輕攪拌，利用鍋裡的餘溫讓蛋汁凝結至半熟成狀態。

② 一碗吃飽麵料理

麵料理故事 /

菜麵
和素豆包

我很愛吃麵，連早餐、宵夜都吃麵。

大家或許會疑惑「早餐吃麵會不會太飽太 heavy ？」其實，過去農業時代以飯食、麵食為早餐是很常見的，因為「做事人（台語）」不管下田、做工全都是需要耗費大量能量的體力活，所以飽腹是很重要的，沒有在流行吃「美Ｘ美」。大家會一大早就大口扒飯、大口吃麵，以儲備一整個早上的勞動能量。直到現在，台灣中南部也仍有很多人習慣早上來碗雞肉飯配湯、米糕、大麵羹甚至是鍋燒意麵。

我覺得這是台灣各地很棒的獨樹一格的飲食文化。

這就像是每個人特有的讓身體徹底醒過來的開機過程。有的人喜歡輕食配咖啡，有的人愛清粥配小菜，而我喜歡吃碗熱湯麵，以稀哩呼嚕的氣勢吃到碗底見空，身體熱了起來，接著「哼」地擤出鼻水，原本昏昏沉沉的腦袋也醒了，真是過癮。

我自己是出生於彰化的孩子，後來又遷居到台中大肚住了幾年，除了大家耳熟能詳的大麵羹、切仔麵，我最愛的麵食之一就是永樂街的素食麵。

素食麵台語叫做「菜麵」，湯頭甘醇不膩、麵條順口，我最鍾愛的是老闆特製的素豆包，真的是好吃極了。每每回到彰化，我總會特地到這家素食麵報到。對我來說真是一大享受，夾起滑順的麵條大口地送進嘴巴，素豆包吸附著甘美湯汁，裡頭還包有金針菇和黑木耳，每咬下一口都是爽脆，層層疊疊的口感，再搭配喝口充滿精華的熱湯，就像卡通表現的那樣──有交響樂團在我嘴巴裡啊！

我曾經嘗試研究那素豆包的配方，但是老闆功力太深厚，我試做了幾次，總覺得還是有些差距。台灣許多像這樣看似簡單、不起眼的美食，其實都有不簡單的內涵，我想能傳香數十年，大概都是不知不覺中加了一味──料理人化平凡為神奇的用心。

維力炸醬
炒泡麵

用科學麵炒出台式炒麵，宵夜極品在這裡！
這是一道非常適合住宿學生的宵夜料理，不但便宜美味又超級簡單，
一碗捧著稀哩呼嚕吃下肚或和室友一起分享都過癮！

材料

科學麵 — 3~4 人份　　肉片 — 適量

高麗菜絲 — 少許　　維力炸醬 — 2 湯匙

紅蘿蔔絲 — 少許　　開水 — 1 小碗

1. 煮一鍋熱水，沸騰後放入科學麵煮
約 1 分鐘，關火。讓麵泡約 1 分鐘，
撈起備用。

2. 加少許油，起油鍋，加入高麗菜絲、
紅蘿蔔絲或任何喜歡的蔬菜。

3. 蔬菜稍微拌炒後，放入肉片一起炒。

4. 所有配料炒軟以後，倒入開水，再
加入步驟 1 煮好的麵。接著加維力
炸醬，拌勻後起鍋盛盤。

②

③

‧小秘訣‧

科學麵下水煮一分鐘就要關火，以免泡麵太軟爛。

台式
炒烏龍麵

Q彈入味，愛吃麵的人絕對不可錯過！
吸滿飽飽湯汁的炒烏龍麵是許多人的最愛，這裡教你不加高湯也鮮
甜的台式烏龍麵的做法，台式經典的沙茶風味絕對不能錯過！

材料

洋蔥絲 － 少許	冷凍烏龍麵 － 1 片	雞蛋 － 1 顆
高麗菜絲 － 少許	水 － 1 碗	蔥花 － 適量
軟絲 － 少許	沙茶醬 － 適量	
蝦子 － 少許	醬油 － 適量	

1. 大火起油鍋，油熱之後，加入洋蔥絲、高麗菜絲炒軟。

2. 加入軟絲、蝦子等海鮮料，炒到海鮮變色後，放入冷凍烏龍麵。下 1 碗水，將烏龍麵煮開。

3. 調味，加入沙茶醬和醬油，拌炒收汁。在起鍋前打入蛋汁快速拌勻，關火盛盤。

4. 加適量蔥花，即可開動！

・小秘訣・

烏龍麵不必退冰，直接入鍋拌煮，能讓麵體更Q彈。
收汁完成時，加入蛋汁能增加烏龍麵的滑順口感。

日式明太子炒烏龍麵

調味只要胡椒粉加上柴魚粉就完成，零失敗的日式料理！
明太子沾附著勁道的烏龍麵送入口中，麵條在口腔裡跳舞，
這道料理保證一開動，讓人筷子停不下來！

材料

洋蔥切絲 — 約 $\frac{1}{4}$ 粒	胡椒粉 — 適量	海苔絲 — 適量
肉絲 — 少許	柴魚粉 — 適量	冷凍烏龍麵 — 1 片
鮮奶油 — 150c.c.	明太子醬 — 適量	

1. 油少許，起油鍋。放入洋蔥絲（也可視個人口味再加入適量蒜末）爆香，加入肉絲一起炒香。

①

2. 放入烏龍麵，倒入鮮奶油、胡椒粉、柴魚粉拌炒。

②

3. 加入明太子醬拌勻收汁，起鍋盛盤。

③

4. 在烏龍麵上加明太子醬、海苔絲，即可開動！

· 小秘訣 ·

烏龍麵不必退冰，直接入鍋拌煮，能讓麵體更 Q 彈。

巧達濃湯白醬
義大利麵

不需要炒麵粉，一定成功的白醬義大利麵！
直接使用巧達海鮮濃湯（P.76）做為醬底，再也不必苦惱如何做出香濃白醬，
只要再加些喜愛的配料，就是一道令人驚艷的料理。

材料

巧達海鮮濃湯 — 約 3~4 湯匙
沙拉油、鹽 — 少許
義大利麵 — 依個人喜好酌量

蒜片 — 少許
海鮮料（蝦仁、中卷）— 依個人喜好酌量

1. 煮一鍋開水，水滾後下少許鹽巴、
   沙拉油，放入義大利麵煮約 6~7
   分鐘，撈出備用。

2. 起油鍋，炒香蒜片，加入海鮮料
   （蝦仁、中卷）拌炒。

3. 加入步驟 1 煮好的麵條並淋入巧
   達濃湯當作醬底，拌勻即可起鍋。

4. 食用前可以灑上少許義式香料增
   加香氣。

味噌肉醬義大利麵

日式味噌搭上韓式辣醬蹦出絕妙新滋味！
如果家中有小朋友或是你的口味很小朋友，
那絕對不要錯過這道料理，
加了味噌和起司的肉醬義大利麵和緩了辣度，
連續吃兩碗也沒問題！

材料

義大利麵 — 依個人喜好酌量
橄欖油 — 適量
洋蔥切丁 — 半粒
紅蔥頭丁 — 1 粒
豬絞肉 — 400 克

米酒或白酒 — 20 克
韓式辣椒醬 — 30 克
味噌 — 60 克
水 — 600c.c.
鹽 — 少許

起士片 — 酌量
起士粉 — 適量

1. 煮肉醬：
   起鍋下橄欖油，將洋蔥、紅蔥頭炒至上色，加入豬絞肉、米酒（或白酒），拌炒至半熟狀態，加入韓式辣椒醬、味噌炒勻，再加水 600c.c. 煮滾，關火。將肉醬放入電鍋中煮 20 分鐘，備用。

2. 煮一鍋滾水，加入鹽巴，順著鍋沿下義大利麵。火稍轉大，煮約 4 分鐘，撈起。

3. 在炒鍋中倒入步驟 1 的肉醬和義大利麵，加入適量起司粉拌勻，炒至麵條上色即可盛盤。

4. 在肉醬義大利麵上鋪滿起司片，放入微波爐加熱至起司稍稍融化，灑上起司粉，即可開動！

·小秘訣·

將肉醬放入電鍋中燜煮，能蒸發多餘水分，滋味更加濃郁。煮義大利麵以麵條對折後不斷裂為最佳的熟度。

黑芝麻
蒜味涼麵

衛生滿分，醬底醇厚。
炎熱沒胃口的夏天，就來一道開胃順口的涼麵，
雖然是用最簡捷的步驟，但做出來的醬料可一點都不馬虎。

材料

油麵 — 300 克　　　小黃瓜絲 — 少許　　　橄欖油 — 少許

醬料

蒜頭 — 300 克　　　開水 — 50c.c.

黑芝麻粉 — 20 克　　醬油 — 20c.c.

醋 — 20c.c.　　　　胡椒粉 — 3 克

糖 — 10 克　　　　芝麻醬 — 20c.c.

香油 — 20c.c.

1.　起一鍋水汆燙油麵或直接泡熱水 5
　　秒鐘，撈出後加少許橄欖油抓勻，
　　使麵體均勻附著油。

2.　調配醬料：按照比例將所有的醬汁
　　材料倒入調理機或果汁機打勻。

3.　將醬料淋在油麵上，並配些解膩的小
　　黃瓜絲即成，也可加點辣椒油添味。

・小秘訣・

買回來的油麵先燙過熱水約 5 秒鐘，
可有效減少大腸桿菌。

獨門
炸醬麵

鹹甜帶辣！聖凱師的「聖拌麵」就是好吃唰嘴！

公開醬底比例，教你利用肉醬罐頭做出比市售拌麵調理包更美味的炸醬麵！

材料

洋蔥切末 － 1 粒

豆干切丁 － 10 片

廣達香肉醬 － 3 罐

甜麵醬 － 3 大匙

XO 醬 － 3 大匙

太白粉芡水 － 少許

白麵 － 適量

開水 － 適量

1. 起油鍋，油量稍多，放入洋蔥末以中小火炸炒約 3~5 分鐘。

2. 洋蔥末炒軟後，加入豆干丁、水、肉醬罐頭、甜麵醬、XO 醬一起燉煮約 10~15 分鐘。

3. 燉煮炸醬的同時，起一鍋水煮麵，麵條熟了以後撈出備用。

4. 將少許太白粉水加入炸醬中勾芡，拌勻即可起鍋。

5. 將炸醬拌入麵條後，即可享用！

・小秘訣・

這道料理並沒有業配喔！你也可以使用自己喜歡的肉醬罐頭來製作炸醬，只要按照比例加入其他調料，滋味都會很不錯的！

3

做出
餐廳等級的
家常菜

紅燒茄子 2.0

因為工作和愛好的關係，我常接觸到各式各樣不尋常的、令人驚艷的料理，只是讓我時常回味的還是家常菜色。

家常菜之所以不敗，就是因為它夠經典，永遠不會退流行。不知道大家有沒有這樣的經驗，過年那幾天的餐桌總是精彩，從除夕到初五餐餐豪華澎派，只是山珍海味一路吃到年節尾聲，這時候你真的會很想念簡單的清粥小菜，哪怕只是一盤番茄炒蛋配白飯都會讓人覺得「啊，這樣吃真舒服！」

除了氣味飽滿很唰嘴之外，家常菜還有一個特色，就是裡頭通常會有家裡總舖師神來一筆的獨門創意，例如，我家的「紅燒茄子 2.0」。

我這個人還算「好嘴道」（台語不挑食的意思），不過小時候和許多小孩子一樣，並不特別愛吃茄子，長得一身怪怪的紫色，也沒有太特殊的香氣，而且吃進嘴裡糊糊軟軟的，但不知道為什麼，學校營養午餐特別常出現紅燒茄子這道菜，每每老師給同學打菜的時候，總會聽到同學說：「少一點少一點啦……」。

直到有次我吃到一道番茄燒茄子，這才驚為天人，番茄跟茄子是好朋友啊，滋味實在太搭了。

原來是之前爸媽回老家時，正好自家田裡的作物熟成，帶了些新鮮蔬果回家加菜，後來時間久了，也不好繼續囤貨在冰箱，我媽看著剩餘的幾粒番茄和茄子，靈機一動，心想紅燒茄子不都會加點番茄醬提味上色嗎？那就用新鮮番茄代替番茄醬試試看吧。

沒想到這麼一試，完全對了我的胃口，軟綿綿的茄子吸飽了鹹香鮮的醬味，番茄塊則讓整道菜多了口感和自然的酸甜味，簡直就是「白飯殺手」。

這就是家裡總舖師的用心，他們不一定有高超的烹調技巧，但是憑著自己在廚房走跳的經驗和對家人胃口的熟悉，嘗試變化重新組織食材。對我來說，這樣的家常菜是最不平常的美味。

麻婆豆腐

小當家等級的超夠味麻婆豆腐！

辣味十足，吃得會讓人一直冒汗的麻婆豆腐，是很多家庭必備菜單之一，

這裡教你做出塊塊入味的超級祕訣！

材料

花椒粉 — 1 匙	開水 — 500c.c.	糖 — 少許
蒜頭 — 3~4 粒	板豆腐切丁 — $\frac{1}{4}$ 板	太白粉芡水 — 少許
辣椒 — 2 根	辣豆瓣醬 — 2 大匙	蔥花 — 適量
豬絞肉 — 300 克	醬油 — 少許	

1. 起油鍋，放入蒜頭、辣椒、豬絞肉和花椒粉一起炒香。

①

2. 倒入開水 500c.c.，放入板豆腐。加入辣豆瓣醬、糖調味，再下少許醬油增添醬色，煮約 5~10 分鐘。

②

3. 關火後，勾一點薄芡，拌勻，即可起鍋盛盤。

4. 灑上蔥花，色香味俱全，開動！

・小秘訣・

麻婆豆腐要入味的秘訣在於一定要使用板豆腐，因為板豆腐的空隙比較大，可以將味道收汁進去！千萬不要再用雞蛋豆腐或是嫩豆腐囉！在麻婆豆腐中加入些許的糖，能讓整體不會過於死鹹，也能稍微中和辣度。

不正統的
三杯雞

簡化料理步驟，做出台灣經典味！

三杯雞吃的就是一種鹹甜味，但是有很多人都說炒不出外面熱炒店的那種滋味，
這裡公開獨門的三杯醬汁，做出夠味的三杯雞一點都不難。

材料

帶皮雞肉 — 半隻（或去骨雞腿 2 支）	米酒 — 20c.c.
老薑切片 — 一大塊	醬油膏 — 20c.c.
辣椒切段 — 2 根	白糖 — 10 克
蒜頭 — 4~5 粒	九層塔 — 適量

1. 起油鍋，油量稍多（約鍋子的一半，以能半淹過雞肉為準）。放入雞肉煸炸約 2 分鐘，關火，分別過濾雞肉和雞油，備用。

2. 鍋內保留少許雞油將老薑煸香。

3. 下辣椒、蒜頭炒香後，將步驟 1 的雞肉入鍋，接著加入三杯調料：米酒、醬油膏、煸好的雞油。均勻上色後，再加入糖，慢慢收汁。

4. 加入九層塔，拌炒約 30 秒即可關火起鍋。

· 小秘訣 ·

傳統做法的三杯雞是用麻油調味，我的獨門祕訣是直接利用煸炸雞肉時產生的雞油代替麻油，也非常好吃！此外，炒三杯雞的過程中不要加水，才能讓醬汁濃稠更好下飯！

塔香茄子
（魚香茄子）

口感軟中帶綿，吃起來好下飯！

很多人都怕吃茄子，覺得有一股怪味和爛爛的口感，這道魚香茄子要顛覆印象，只要簡單注意幾個重點，就能做出外觀好看、口感軟綿的下飯菜。

材料

茄子 — 2~3 根	豬絞肉 — 150 克	開水 — 少許
辣椒 — 2 根	醬油 — 20c.c.	九層塔 — 一大把
蒜頭 — 4~5 粒	辣豆瓣醬 — 1 匙半	太白粉芡水 — 少許

1. 將茄子洗淨切段，再直接對半切。

2. 起油鍋，用高油溫炸茄子約 10 秒鐘，茄子能保有鮮豔的亮紫色。（切記，茄子水分多，炸的時候要小心）

3. 起油鍋，辣椒、蒜頭下鍋爆香。加入豬絞肉，炒至約 8 分熟時放入茄子快速拌炒約 1 分鐘。

4. 加入醬油 20c.c. 和最重要的辣豆瓣醬一匙半，再加少許開水增加湯汁。

5. 加入九層塔拌炒幾下，關火後，加少許太白粉水勾薄芡即完成。

· 小秘訣 ·

茄子不耐煮，因此不要切得太小塊，並且要盡量縮短烹調時間。

馬鈴薯燉肉

日式家常料理，看一遍就會！
冬天就是要煮一鍋熱呼呼、入口即化的
馬鈴薯燉肉，將醬汁煨進食材，
提出蔬菜的鮮甜原味，既營養又簡單。

馬鈴薯切塊 — 3 粒　　　　　蔥切段 — 2~3 根

紅蘿蔔切塊 — 1 根　　　　　牛肉塊（切成骰子狀）或梅花豬肉 — 600 克

洋蔥切片 — 1 粒　　　　　　味噌 — 1 湯匙

醬汁

水 — 1000c.c.　　　　　糖 — 100c.c.

醬油 — 100c.c.　　　　　柴魚粉 — 少許

味酥 — 100c.c.

1. 調配醬汁：
   水：醬油：味酥：糖的比例為
   10：1：1：1。
   以上述比例調配後，再加入少
   許柴魚粉。

③

2. 將馬鈴薯和紅蘿蔔入油鍋，小
   火油炸 3~5 分鐘，備用。

3. 起另一油鍋，先將洋蔥炒香，
   加入牛肉、蔥段拌炒。加入步
   驟 1 的醬汁，淹過食材，轉大
   火煮開。

④

4. 放入步驟 2 油炸好的蔬菜，轉
   小火燉約 20 分鐘，加入味噌 1
   湯匙，味噌融化即成。

> **· 小秘訣 ·**
> 由於這道料理要燉煮較長時間，所
> 以蔬菜配料不要切得太小塊，避免
> 化掉。蔬菜經過油炸後再燉煮，能
> 呈現外酥內鬆軟的口感。

滑得不得了
番茄炒蛋

用美式料理的方法做出滑嫩感！
番茄炒蛋看似平常，但要炒出滑順口感、不乾癟結塊，
一定要試試這裡的小撇步，入口保證驚艷！

材料

牛番茄 — 2~3 粒（視大小斟酌）　　鮮奶 — 50c.c.

開水 — 200c.c.　　　　　　　　　　起司絲 — 20 克

番茄醬 — 30 克　　　　　　　　　　柴魚粉 — 1 小匙

雞蛋 — 5 顆　　　　　　　　　　　　蔥段 — 適量

1. 番茄先入滾水氽燙，去皮，切塊，備用。

2. 起油鍋，油熱之後加入步驟 1 的番茄塊，大火炒約 3 分鐘。

3. 倒入開水 200c.c.、番茄醬，燉煮 5~6 分鐘至呈番茄糊狀態時，盛盤備用。

4. 在步驟 3 燉煮的同時準備特製蛋液：在碗中打入雞蛋，加鮮奶、起司絲、柴魚粉，均勻打散，備用。

5. 起油鍋，油熱約 3~5 分鐘後，倒入特製蛋液，輕輕的將蛋液翻撥至凝結成形。加入步驟 3 的番茄糊，再加綠色蔥段，攪拌均勻即可起鍋。

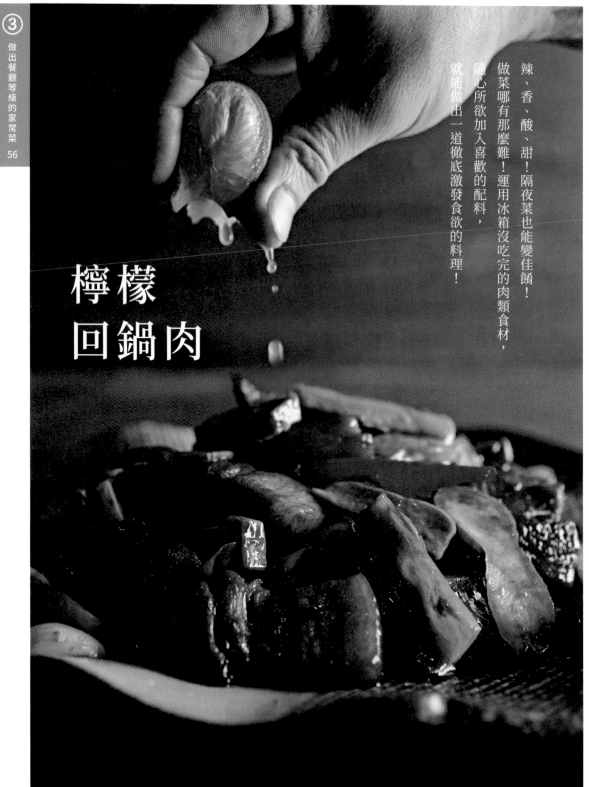

檸檬
回鍋肉

辣、香、酸、甜！隔夜菜也能變佳餚！
做菜哪有那麼難！運用冰箱沒吃完的肉類食材，
隨心所欲加入喜歡的配料，
就能做出一道徹底激發食欲的料理！

三層肉切片 — 300 克　　　辣椒 — 依個人口味酌量　　　糖 — 少許

豆干切片 — 5 塊　　　　　米酒 — 20~30c.c.　　　　蠔油 — 少許

蒜片 — 少許　　　　　　　豆瓣醬 — 1 匙　　　　　　青椒 — 1 粒

薑片 — 少許　　　　　　　甜麵醬 — 1 匙　　　　　　檸檬 — $\frac{1}{4}$ 顆

蔥切段 — 2~3 根

1. 熱鍋，鍋內不放油，直接放入三層肉片炒約 2~3 分鐘，逼出油脂。

2. 加入蒜片、薑片、蔥段、豆干、辣椒一起拌炒。

3. 倒入米酒 20~30c.c.，增加香氣。加豆瓣醬、甜麵醬和青椒炒勻。

4. 再加少許的糖和蠔油，快速拌炒。

5. 起鍋前擠點檸檬汁即完成。

· 小秘訣 ·

回鍋肉是一道口味較重的料理，為了解膩，傳統做法是在起鍋前加點鍋邊醋增添酸味，我改用天然的檸檬替代烏醋，除了保有酸味還能多一股清香。

金沙蝦球

細緻的鹹蛋裹附住彈牙的蝦球，那香味太迷人了！
金沙蝦球是許多人到餐館必點的菜色，
呈現獨特的「外軟內酥」口感是重點所在，
這裡教你學會店家才知道的技巧！

材料

蝦仁 — 200 克	鹹蛋黃 — 1 顆
麵粉 — 少許	洋蔥切末 — ¼ 粒
雞蛋 — 1 顆	美乃滋 — 少許
沙拉油 — 少許	蔥花 — 少許

1. 調製麵衣：
   將麵粉倒入碗中，打入雞蛋，加入沙拉油，拌勻即成。

2. 將蝦仁均勻沾裹麵衣。起一個中油溫的油炸鍋，一隻一隻的將蝦仁放入油鍋中，約 2 分鐘後，蝦仁浮起，即可撈出蝦球備用。

3. 將鹹蛋黃捏碎。另起一個油量稍多的油鍋，大火熱鍋後，放入碎蛋黃，持續炒動以免焦掉。倒入步驟 2 的蝦球一起拌炒，再加入洋蔥末。

4. 關火。加入少許的美乃滋，利用餘溫拌勻起鍋，盛盤後灑上蔥花即完成。

・小秘訣・

調製麵衣通常是加水，但這裡改用沙拉油替代，能讓蝦球炸起來的外型更漂亮。
由於鹹蛋黃比較死鹹，所以在起鍋前加入美乃滋能使整體味道更溫潤。

黑胡椒牛小排

使用好一點的無骨牛小排，
再用簡單的黑胡椒跟醬油做調味，
在家裡的廚房也能端出厲害的菜色！

材料

洋蔥切絲 — 半粒（別切太細）

蔥段 — 少許

無骨牛小排 — 250 克

黑胡椒粒 — 少許

醬油 — 少許

鹽 — 少許

青椒切絲 — 1 粒

紅椒切絲 — 1 粒

辣椒切絲 — 2 根

②

1. 起油鍋，爆香洋蔥絲、蔥段和辣椒絲。

2. 放入牛小排，大火快炒。

3. 加入黑胡椒粒、鹽，並倒入醬油增加醬色。

4. 最後放入青椒絲、紅椒絲稍微翻炒即可起鍋！

・小秘訣・

這道料理的重點在於肉的品質，不必加太多調味就很好吃。青椒絲最後下鍋，才能保持脆度，增加這道料理的口感。

原住民
白山豬肉
（含醬汁）

Q勁入味，餐桌上最吸睛的菜色
想不到今晚要吃什麼嗎？
試試這道鹹豬肉料理，
從廚房一端出來，絕對有銷路！

材料	沾醬
三層肉 — 3 條	白醋 — 50c.c.
胡椒粉 — 5 克	糖 — 少許
五香粉 — 5 克	蒜末 — 7 粒
蒜香粉 — 5 克	柴魚粉 — 少許
醬油 — 20c.c.	開水 — 20c.c.
米酒 — 50c.c.	
糖 — 15 克	
蒜苗 — 適量	
檸檬 — 適量	

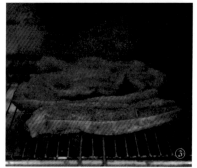

1. 三層肉先用胡椒粉、五香粉、蒜香粉、醬油、米酒、糖等醃料醃製 6 小時。

2. 調製沾醬備用：依份量於碗中倒入白醋、糖少許、蒜末、柴魚粉、開水。

3. 將醃好的的三層肉放入烤箱烤 15 分鐘，取出切片。

4. 食用前擠上少許檸檬汁後，即可搭配沾醬、蒜苗一起食用。

· 小秘訣 ·

如果你喜歡 Q 彈的口感，可以保留豬皮一起烤炙，將表面烤得微酥焦香，口感更豐富。

湯控不能
錯過的好湯頭

蚵仔湯｜麻油雞湯｜玉米醬南瓜濃湯｜番茄牛肉湯
巧達海鮮濃湯｜苦瓜排骨湯

湯料理二三事 /

不可不知的
煮湯三重點

湯在很多人家裡的餐桌上是不可或缺的一道料理，台灣話有句俗語「有魚有肉，嘛著菜甲」，不過依照現在大家的飲食習慣，我覺得更貼切的說法應該是「有魚有肉有菜，嘛著湯甲！」無論是三菜一湯、四菜一湯……，餐桌上就是要擺一鍋熱湯，餐前、餐間、餐後不時配飲才算完整。

除了是餐桌上陪襯的配角之外，湯也可以是吃巧不吃飽的主角。

像是台南有名的牛肉湯、鮮魚湯，就是一道只要搭些嫩薑絲和簡單的調味就很突出的湯品。又像是閩南式的雜菜湯（菜尾湯）、生炒花枝、香菇肉羹湯也都是可做菜亦可做湯、質量厚重的料理。

以肉為主材料的湯品，要煮得好喝需掌握三個重點，首先除了要注意食材的新鮮度，也要盡量挑選油脂較少，例如雞腳、雞翅、排骨、瘦肉……等部位，以免煮起來湯水過於油膩，難以入口。

其次是肉類食材要在冷水時就下鍋，慢慢的加溫至熟成，如果一開始的水溫太高，肉的表面會收縮，便難以釋放鮮甜度到湯裡，影響整鍋湯的風味。如果在此之前，你有多了「出水」（用開水去除肉的生腥味和雜質）這個步驟，也要記得用冷水把肉沖涼之後再放入冷水鍋中。切記原則就是肉類和水的溫度一致時去熬煮才是最好的，才能熬出鮮甜味。

再來則是鹽巴、胡椒粉、柴魚粉……等調味料應該要在湯煮好燉好後再加進去，這樣調整出來的味道會比較準確。尤其是鹽巴，無論是食材剛下鍋或是食材半熟時就下鹽巴，都容易與肉類的蛋白質產生化學反應，使得肉質不易軟化，甚至變硬，而且也煮不出肉鮮味。如果你總覺得煮不出有肉類自然鮮甜味的湯，很可能就是太早下調味料囉！

蚵仔湯

分開煮，才是高竿技巧！
蚵仔飽滿不縮水、湯汁鮮美不混濁，
秘訣只有三個字：分、開、煮！

材料

蚵仔 — 150 克	胡椒粉 — 適量
太白粉 — 適量	薑絲 — 適量
蔥花 — 適量	料理米酒 — 少許
香油 — 適量	柴魚粉（或鹽）— 少許

・小秘訣・

將蚵仔和湯水分開煮，好處是湯不會混濁，而且能保留蚵仔的鮮味。

1. 處理生蚵：

   將蚵仔洗淨，濾乾水分，加入少許太白粉均勻裹附每一顆蚵仔。

2. 準備一鍋滾水，放入蚵仔燙約1分鐘。再次滾沸後，關火，撈出蚵仔放入碗中，再加入蔥花、香油、胡椒粉、薑絲和米酒，備用。

3. 再次將步驟2的水煮滾，加入柴魚粉（或鹽巴）提鮮，再加料理米酒一起煮沸。

4. 將步驟3的湯水沖入步驟2的蚵仔碗中即完成。

麻油雞湯

麻油雞聽起來很難，聖凱師讓你做起來很簡單！
又是一道經典台灣味，煮一鍋暖和整個冬天，
再加點麵線，喝得暖又吃得飽，實在是莫大的享受～

材料

老薑切片 — 1 大根

雞切塊 — 半隻

米酒 — 600c.c.（分兩次加）

枸杞 — 少許

麻油 — 40~50c.c.

鹽 — 少許

1. 鍋中下少許油，放入老薑炒香。

2. 加入雞肉塊、米酒 500c.c.，燉煮約 20 分鐘。

3. 雞肉軟熟後，加進枸杞、麻油 40~50c.c.，起鍋前再加米酒 100 c.c.。

4. 最後加少許鹽巴調味即完成。

①

②

③

・小秘訣・

一開始不要用麻油炒料，煮出來的湯就會清澈不混濁或帶苦味。

玉米醬
南瓜濃湯

三兩下煮出大人小孩都愛喝的香甜濃湯！！
這是一道營養價值很高的湯品，色香味俱全，不愛吃蔬菜的小朋友
絕對不能錯過。很多人都說濃湯很難煮，其實只要用掌握小技巧，
你一定能煮出濃醇香！

材料

洋蔥切片 — 半粒
南瓜切片 — 半粒
開水 — 以淹過南瓜料為準
牛奶 — 200~300c.c.
奶油 — 依個人喜好的量
玉米醬 — 1 罐

①

④

1. 起油鍋，放入洋蔥、南瓜拌炒。
   倒進開水，讓開水淹過食材，
   將南瓜煮軟，約 8~10 分鐘。

2. 步驟 1 煮好放涼冷卻後，倒入
   果汁機打細打勻。

3. 將打好的南瓜泥倒回鍋中，以
   小火熬煮，加入牛奶、奶油調
   味。

4. 再加入玉米醬，待奶油融化後，
   即可起鍋開動！

> **· 小秘訣 ·**
> 步驟 1 的洋蔥南瓜料一定要放涼
> 後，才倒入調理機或果汁機攪打，
> 不然熱熱地打，開蓋時會爆。
> 最後起鍋前，可畫一圈鮮奶油裝
> 飾。

番茄
牛肉湯

底韻香濃，舒服暖胃的湯品！
運用番茄罐頭就能在家煮出餐廳等級的豪華肉湯，
不但節省時間，美味度也不減分！

材料

牛腩切塊 — 600 克

洋蔥切塊 — 1 粒

牛番茄切塊 — 3 粒

薑片 — 數片

番茄罐頭 — 1 罐

柴魚粉 — 少許

芹菜丁 — 少許

胡椒粉 — 少許

1. 先熱鍋炒香洋蔥、薑。

2. 放入牛腩塊拌炒，加入開水、番茄罐頭和牛番茄一起熬煮 30 分鐘。

3. 最後加少許柴魚粉、胡椒粉調味，也可加些芹菜丁增加風味。

・小秘訣・

為了節省煮出番茄味的時間，我使用方便的番茄罐頭，但建議也加入整顆的番茄，如此便能嘗得到番茄味、吃得到番茄料的口感。

巧達海鮮濃湯

一湯兩做，美味雙倍！
自己做的濃湯，料就要放得滿滿的。
喝剩下的濃湯可以用來煮白醬義大利麵，一湯兩吃超方便！

材料

蒜切末 — 6 粒

蝦仁（切成小塊狀）— 依個人喜好酌量

火腿切丁 — 依個人喜好酌量

洋蔥切末 — 半粒

水 — 1700c.c.
　（先下 200c.c.，再下 1500c.c.）

麵粉（高、中、低筋都可以）— 50 克

無鹽奶油 — 依個人喜好酌量

鮮奶油 — 250 克

柴魚粉 — 2 匙

胡椒粉 — 3~5 克

酥皮 — 1 片

蛋黃 — 1 顆

1. 起油鍋，下蒜末炒香。放入蝦仁、火腿、洋蔥末一起炒出香味。

2. 先加水約 200c.c.，倒入麵粉增加稠度。再倒入剩下的 1500c.c. 的水。

3. 放入無鹽奶油、鮮奶油，轉中火慢慢熬煮。加入柴魚粉、胡椒粉後即可關火起鍋，盛入適當的容器中。

4. 在容器邊緣塗抹蛋黃液、鋪上酥皮，在酥皮上塗上蛋黃液後，放進烤箱 3~5 分鐘即完成。

・小秘訣・

煮濃湯時，先下 200c.c. 的水，能避免後續加入麵粉後黏鍋。

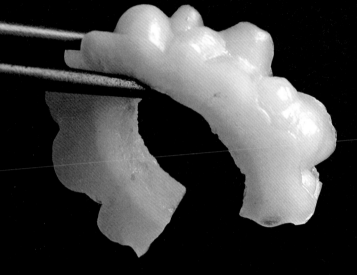

苦瓜
排骨湯

回甘,鮮美,清爽
很多人不喜歡苦瓜,但是燉得軟爛的苦瓜真是再好吃不過了,
特有的爽口甘甜味都釋放到湯裡了!

材料

排骨 — 1 斤	鹽 — 少許
白苦瓜 — 1 條	小魚干 — 少許
薑片 — 數片	米酒 — 少許

1.　排骨、苦瓜洗淨後切塊。

2.　將排骨、苦瓜、薑片、小魚
干、少許米酒,以小火煮約
20 分鐘。

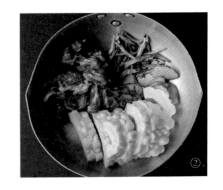

3.　煮至苦瓜熟透後,加入鹽調
味即可上桌。

· 小秘訣 ·

燉煮清湯時,如鹽、柴魚粉、胡椒粉……等等的調味料都要留到燉
煮完成後再下。這是因為食材本身的味道在燉煮過程中會釋放到湯
水中,所以調味料留待最後再下,味道會較準確。

⑤

讓餐桌
瞬間升格的
澎派料理

蒜蓉蒸蝦｜紅燒獅子頭｜紅酒燉牛肉
韓式炸雞｜鮮嫩多汁豆乳雞｜檸檬蝦｜泰式薄荷檸檬魚

澎湃料理故事 /

有求必應
小叮噹

前面有講到，我曾在台菜宴會餐廳工作過，所以宴客大菜對我來說一點都不陌生。不過，在食材、預算、料理資源充裕的地方做出一桌澎派菜餚不稀奇，在軍營裡如果還能端出超級好料那就真的厲害了。

對很多男人來說，當兵是一輩子的回憶，雖然充滿苦澀但是退伍後又會忍不住懷念。除了操練的辛苦、和同袍的種種經歷之外，軍中的伙食大概也是讓人相當難忘的吧！

我是飛彈快艇的伙食兵，伙食兵其中一個重點就是「辦伙」，也就是開

菜單。軍中的菜單是需要一路簽核到營級長官的，所以在預算、資源有限的情況下，菜單要開得讓長官滿意、讓弟兄們感動是有點學問的，雖然大抵照著學長的傳承下來的菜本去做，但我仍會依一些自己對食材的了解或烹調方式去變化。幾次下來，倒也還蠻對大家的胃口，正覺得一切得心應手，沒想到就迎來了第一個挑戰。

某一天，長官點菜了。
「菜色辦得不錯，下次做個藍帶豬排！」
「有沒有搞錯，這麼麻煩的菜……」雖然心裡 mur mur，但長官命令不可違，好在過去的料理經驗足夠，和其他的伙房弟兄準備好里肌肉、火腿片、起司片、蛋液、麵粉、麵包粉，就開始一連串看似永無止盡的動作……，首先每片里肌肉都要拍過，接著將火腿和起司夾在兩片里肌肉中，然後開始過三關：鋪上薄麵粉、沾蛋液、裹麵包粉，才終於可以下鍋油炸。

雖然說一次做百人份的藍帶豬排真的很「搞剛」，但我永遠記得那一天弟兄們感動到邊吃邊痛哭（誤）的樣子。此後，像小叮噹的百寶袋一樣，我應觀眾要求，陸續推出了紅燒腿庫、宵夜的炸醬麵、炙燒羊排……，甚至還有生魚片！

最顛峰的一次是船開到了東引島，伙食兵不必操練，就忙裡偷閒的釣起魚來，沒想到大豐收。隔天，我們將釣到的漁獲偷偷的給弟兄們加菜，真的是一頓超級澎派的海鮮大餐，連龍蝦都上桌！

現在想起來，真的是很有趣的回憶啊。

蒜蓉蒸蝦

澎湃大氣的吮指美味！
過年的餐桌上一定少不了蝦子料理，
拿來宴客也很有面子！分享獨門的蒜蓉醬比例，
只要使用電鍋，就能煮出一道色香味俱全的蒜蓉蒸蝦！

不單單給家人享用，

[材料]

寬粉絲 — 1 塊

白蝦 — 16 隻

豆腐（切片）— 1 盒

洋蔥絲 — 適量

蔥花 — 適量

香油 — 少許

[醬汁]

開水 — 300c.c.

蒜末 — 100 克（約 10 粒）

蠔油 — 50 c.c.

胡椒粉 — 5 克

糖 — 5 克

1. 調製蒜蓉醬汁：
   開水 300c.c. ＋蒜末 100 克＋
   蠔油 50 c.c. ＋胡椒粉 5 克＋
   糖 5 克。
   可依個人喜好再加入適量沙
   茶醬。

2. 寬粉絲泡水約 3~5 分鐘，待
   其軟化後鋪在盤底，再鋪上
   豆腐。

3. 白蝦開背，洗淨腸泥，整齊
   排列於盤中。淋上蒜蓉醬汁
   後，再鋪一些洋蔥絲。

4. 入電鍋蒸，外鍋放 1.5 杯~2
   杯的水。

5. 起鍋之後灑上蔥花和香油即
   完成。

> **・小秘訣・**
> 這道菜最怕寬粉絲吃起來沒有味
> 道，所以醬汁一定要按照比例做才
> 夠味，才能吃到吸附滿滿湯汁的寬
> 粉絲。

紅燒獅子頭

每一口都爆漿，誰受得了！

這道料理是不正統的獅子頭，有別於傳統的烹煮方式，

教大家用美式漢堡排的做法做出一鍋肉汁鮮美飽滿，

每一口吃下都是爆點的經典美味！

豬絞肉 — 600 克

洋蔥切丁 — $\frac{1}{4}$ 粒（可用紅洋蔥增加甜味）

牛奶 — 120g

雞蛋 — 1 顆

胡椒粉 — 少許

柴魚粉 — 1 匙

麵包粉 — 30g

白菜 — 半顆

開水 — 淹過肉丸八成即可

蠔油 — 20~30c.c.

糖 — 3~5 克

米酒 — 20~30c.c.

豆瓣醬 — 適量

・小秘訣・

爆漿秘訣就是加入炸物使用的麵包粉，可以增加肉丸子吸附湯汁的效果。此外，加入雞蛋也能增添口感。

因為辣豆瓣醬較鹹，所以要加一些糖，讓整體味道變得溫和，湯汁才好入口。

1. 將洋蔥丁、牛奶、雞蛋、胡椒粉、柴魚粉、麵包粉加進豬絞肉中，用手攪拌均勻，抓捏出彈性，開始塑型出肉丸。

2. 起油鍋，約 160~180 度的油溫，肉丸子下鍋油炸前要重複塑型，就會更 Q 彈。下鍋油炸定型，外表呈金黃色即可撈出備用。

3. 準備另一鍋子，底層鋪上白菜，再放入步驟 2 的肉丸。開火，倒入開水，水量約淹至肉丸的八成高度即可。

4. 加入蠔油、糖、米酒、豆瓣醬，以小火烹煮，過程中稍微翻動肉丸，蓋上鍋蓋熬煮約 10~20 分鐘即完成。

紅酒燉牛肉

在家也能做出高檔餐廳的味道！
使用家用電鍋就能將牛腩的精華完全燉煮出來，
起司的鹹味搭配紅酒的香味，
輕鬆煮一鍋，配飯配麵都好吃，
也能用麵包沾取醬汁，異國風味十足！

牛腩切塊 — 2 斤（牛肉先灑一點鹽，增加風味）

芹菜 — 2 根

洋蔥切塊 — 1 粒

紅蘿蔔切塊 — 2 根

番茄罐頭 — 1 罐

月桂葉 — 1~2 片

綜合義大利香料 — 少許

紅酒 — 1 瓶

高湯罐頭 — 2 罐

奶油 — 20 克

蒜末 — 少許

起司條 — 依照個人喜好酌量

1. 熱鍋加少許油，放入牛腩以大火油煎至金黃色。

2. 加入芹菜、洋蔥、紅蘿蔔、番茄罐頭、月桂葉、綜合義大利香料、紅酒半瓶和高湯煮滾後，放入電子鍋燉煮 60 分鐘。（或用電鍋，外鍋放 4 杯水。）

3. 開鍋加入剩餘的半瓶紅酒、奶油、起司絲，蓋上鍋蓋，再燉 30 分鐘。

4. 起鍋之前，加入蒜末，攪拌均勻後起鍋盛盤，即可開動。

· 小秘訣 ·

這道料理要分別在兩個步驟中加入紅酒，如此才能保留紅酒香氣。如果只在步驟 2 加紅酒，紅酒味會在燉煮過程中蒸發掉。

韓式炸雞

想吃韓國味，自己在家就能簡單完成！

近年很夯的韓式炸雞看似很難，

但這裡簡化步驟，你也能像韓劇主角一樣，

一口炸雞一口啤酒，享受美味時刻！

材料

雞胸肉切塊 — 2 塊	地瓜粉 — 適量	韓式辣醬 — 3 匙
醬油 — 少許	蒜切末 — 7~8 粒	番茄醬 — 2 匙
胡椒粉 — 少許	洋蔥切丁 — 半粒	白芝麻 — 適量
雞蛋 — 1 顆	水 — 適量	

1. 用醬油、胡椒粉、1 顆全蛋抓醃雞胸肉。

2. 起油鍋，雞胸肉沾裹地瓜粉入鍋以中油溫油炸，炸的時候輕輕翻動，約 3~5 分鐘後即可撈出備用。

3. 起另一油鍋，炒香蒜末、洋蔥丁，加水、韓式辣椒醬、番茄醬均勻攪拌。若覺得太乾，可以再加一些水，拌炒至醬料開始冒泡。

4. 倒入步驟 2 的雞胸肉，讓醬汁均勻包覆沾裹雞塊後起鍋。撒上白芝麻即可開動！

·小秘訣·

一定要加入番茄醬來中和辣味，緩解口腔的負擔，才能一塊接一塊！

鮮嫩多汁
豆乳雞

香味四溢，讓人忍不住流口水！

豆乳雞是台灣非常具特色的小吃，濃稠的豆腐乳香，非常刺激食欲。

這裡介紹的做法是鮮嫩內酥的口感，外表沒有明顯的麵衣，可是有多汁的嫩皮！

雞腿肉切塊 — 2 支（任何部位都可以）

豆腐乳 — 2 塊

醬油 — 20~30 克

胡椒粉 — 少許

白芝麻 — 少許

糖 — 10~15 克

中筋麵粉 — 適量

1. 將豆腐乳、醬油、胡椒粉、白芝麻和糖放入塑膠袋中，封住袋口後，將醬料混合均勻。

2. 用步驟 1 的醬料抓醃雞肉，放置 20~30 分鐘，靜待入味。接著倒入中筋麵粉一起攪拌，備用。

3. 起油鍋，油溫約 180 度的中油溫。將雞肉一塊一塊的放入油鍋，輕輕翻動，油炸約 2~3 分鐘即可起鍋。

・小秘訣・

可直接選購市售的豆腐乳，不要使用「陳年」的，醃製時間過長，入菜會太鹹。

檸檬蝦

方法實在太簡單，保證成功！
這是一道我完成後試吃自己也嚇到：「怎麼會那麼好吃？！」的蝦料理，
蝦子的鮮味被醬汁提昇了好幾個層次，鮮、鹹、香、酸完全融為一體！

材料

泰國蝦 — 2 斤
米酒 — 30c.c.
蒜末 — 6 粒
蔥花 — 適量

醬汁

檸檬汁 — 100c.c.
糖 — 100 克
胡椒粉 — 3~5 克

· 小秘訣 ·

用較多的油炒蝦子，蝦子不僅外觀油亮，且外殼會酥酥脆脆的。

1. 處理泰國蝦：
   將蝦子的前腳、蝦鬚、兩側的蝦足、蝦尾剪掉。再從眼睛後面約 1 公分處剪開，取出蝦囊。開背洗淨沙腸。

2. 調製醬汁：
   檸檬汁 100c.c. ＋糖 100 克（檸檬汁：糖＝ 1：1）
   再加入少許胡椒粉約 3~5 克，攪拌均勻。

3. 起油鍋，油量稍微多一些。油鍋熱了以後，放入蝦子，稍微翻炒，再加入米酒。

4. 加入蒜末拌炒，關火。倒入步驟 2 調製好的醬汁拌一拌即可起鍋，撒上蔥花就可開動囉！

泰式薄荷檸檬魚

泰好吃！必點的泰式經典料理在家做！
這道菜的醬汁很百搭，學會調製的比例，
不管是什麼海鮮，都能輕鬆端出餐廳等級的異國風味！

鱸魚或石斑或鯛魚片 — 1 條
米酒 — 少許
鹽 — 少許

蒜末 — 8~10 粒
檸檬汁 — 30c.c.
魚露 — 5c.c.
辣椒末 — 少許
薑末 — 少許

香油 — 少許
胡椒粉 — 少許
薄荷 — 少許
醬油 — 5c.c.

1. 魚洗淨後擦乾水分，灑上少許鹽巴、米酒後，蓋上保鮮膜放入電鍋蒸熟，外鍋放 2 杯水。（視魚的大小）

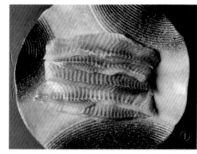

2. 製作醬汁備用：依比例混合蒜末、檸檬汁、魚露、醬油、辣椒末、薑末、香油、胡椒粉、薄荷即成。

3. 魚蒸熟後，將調配好的醬汁和魚盤上的魚湯混合。

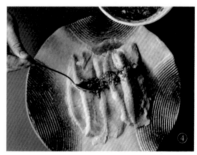

4. 盛盤時，把混好魚湯的醬汁淋在魚身上面即完成。

· 小秘訣 ·

醬汁和魚不一起入鍋蒸煮，能保留薄荷、辣椒的色澤與檸檬味，因為檸檬汁遇熱後，香味會降低不少。

⑥

阿嬤的
古早味料理

高麗菜飯｜皮蛋地瓜葉｜蒜仔肉

古早味蛋餅｜阿嬤的白菜滷

古早味故事 /

開心農場
和阿嬤的灶腳

許多人看到我示範五花八門、各式各樣的料理，都會問我學生時代念的是不是餐飲專科學校。其實，我是十幾歲就到台菜餐廳學習，後來研究日式料理，入伍後又當了伙房兵，雖然不是學院派，但一路走來和料理的淵源仍深。

除了一路走來提點、給予我機會的貴人，我的料理之路大概是被我的阿嬤啟蒙的吧！

我們的老家在彰化鄉下，三合院前有塊田地，這是我們的開心農場，上頭種滿種類繁多的蔬果，高麗菜、小白菜、地瓜葉、蘿蔔、九層塔、刈菜、木瓜、芒果、龍眼……，一年四季都富足豐收。傍晚時分大人要燒菜，喊我們這群小孩到開心農場採一下就有，真正的「產地直送」到廚房只需短短三五分鐘。

直到現在老家還保留著傳統廚房「灶腳」的樣子，紅磚砌成的爐灶下面添柴燒火，上面架著一口「大鼎（大鍋）」，老人家那個年代沒有什麼瓦斯爐，更不可能有不沾鍋、燜燒鍋、平底鍋……，一家子吃的熱湯飯菜、蒸炒滷炸全來自於這一口灶和大鍋。有句俗話說「巧婦難為無米之炊」，若放到現代來說，大概要改成「巧婦難為無瓦斯爐（或不沾鍋）之炊」了。

而我們家的「巧婦」就是我的阿嬤，她的手路菜（拿手菜）很多，比如高麗菜飯、比如皮蛋炒地瓜葉、比如白菜滷……，小時候的我不太在意這些傳統滋味，總是被更新奇的飲食吸引，直到長大後才懂得品味，也才體會孩提時期所嚐的阿嬤的料理是如何影響我對做菜的覺知和興趣。

吃過阿嬤的手路菜的人都讚不絕口，念念不忘，阿嬤的料理就和這口傳統爐灶一樣，平凡但實在、歷久而不衰，無論是細熬慢燉還是大火快炒，滋味都是細緻精巧的。如果說我有一點料理天分，我想大概是來自於她。所以，我在這本書中也想繼續傳承阿嬤的古早味，帶大家一同回味品嚐。

開心農場

阿嬤正在生火，準備煮好料

照著阿嬤的指示，炒香要用來做芋頭糕的芋頭簽

高麗菜飯

讓人想一碗一碗的吃，兒時記憶的口感！

這是我記憶中的彰化家鄉味，在我小時候都把高麗菜飯當早餐吃，

高麗菜的甘甜味和富含膠質的滷豬皮，彈牙Q嫩，

這時再淋上滷豬皮的醬汁，真是享受！

材料

高麗菜 － 半粒	金鉤蝦 － 20 克	醬油 － 100c.c.
紅蘿蔔切絲 － 1 根	豬皮 － 依個人喜好酌量	味醂 － 100c.c.
泡發乾香菇 － 30 克	水 － 700c.c.	米酒 － 少許

1. 滷豬皮

   豬皮洗淨切塊，入鍋。倒入滷汁：水、醬油、味醂的比例為 7：1：1，以小火滷製約 40 分鐘（使用電鍋約需 30 分鐘），豬皮釋放出膠質後，醬汁具黏稠度即成。

   ①

2. 起油鍋，炒香金鉤蝦，加入香菇拌炒約 2~3 分鐘，炒出香氣後，加入紅蘿蔔、高麗菜、水拌炒，再加米酒和步驟 1 滷豬皮的滷汁調味，炒到高麗菜完全軟化。

   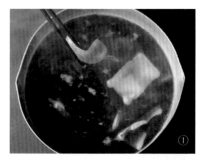
   ②

3. 將高麗菜、豬皮鋪到白飯上，並淋上滷汁，即可開動！

> ・小秘訣・
> 高麗菜一定要煮軟才會好吃。開動前記得淋上幾匙香噴噴的精華滷汁，才是最行家的吃法！

皮蛋
地瓜葉

經典料理就是簡單、樸實卻讓人念念不忘！
不少六、七年級生應該都嘗過這道古早味，
耐煮的地瓜葉和口感香氣特殊的皮蛋，
兩者一起炒，滋味讓許多人一試成主顧！

材料

蒜切末 — 3 粒

地瓜葉 — 半斤

皮蛋 — 2 顆

開水 — 300c.c.

柴魚粉 — 適量

1. 起油鍋，爆香蒜末。放入地瓜葉、開水。

2. 放入皮蛋，直接用鍋鏟壓碎，讓皮蛋的蛋黃融在湯汁中。煮約 5 分鐘。（如果喜歡較硬的口感，煮 2~3 分鐘即可）

3. 加入柴魚粉調味後即可起鍋。

· 小秘訣 ·

這道料理的湯汁相當鮮美，適合拌飯吃，因此烹煮過程中可加入較多的水分，不讓湯汁完全收乾。

蒜仔肉

迷人的油香味，讓人想放棄減肥！
這道料理要將三層肉逼出豬油，炒得「恰恰」的豬肉，
和淋在白飯上的醬汁，這香氣保證讓人一碗接一碗！

【材料】

三層肉切條 — 半斤

蒜苗切段 — 3 大根

米酒 — 20~30c.c.

醬油膏 — 40~50 克

1. 起油鍋，鍋內不放油，直接下三層肉炒出油脂，快速翻炒約 5 分鐘至外表金黃。

2. 先下蒜白爆炒，接著加入米酒、醬油膏大火拌炒，最後放入蒜青拌幾下，完成！

· 小秘訣 ·

因為烹調的全程使用大火，所以步驟 1 逼油時，要快速翻動才不會燒焦。

調味的時機很重要，一定要肉的表面煎到「恰恰」之後再下醬油，太早下醬油容易讓肉焦黑。

蒜白比較耐煮，所以先下鍋炒出香味，待快起鍋時再加入蒜青。

古早味蛋餅

什麼叫蛋餅？這才叫蛋餅！！
現在外面幾乎吃不到這種古早味的蛋餅，
以前的蛋餅的餅皮就是這樣Q彈，
蔥花香氣十足，加上甜辣醬或是醬油膏就能飽足一餐！

中筋麵粉 — 80 克　　　　水 — 250c.c.

地瓜粉 — 20 克　　　　蔥花 — 適量

太白粉 — 20 克　　　　蛋 — 2 顆

內料（可隨個人喜好）

起士片 — 2 片

鮪魚罐頭 — 1 罐

蔭油膏 — 適量

1. 製作麵糊：
   將中筋麵粉、地瓜粉、太白粉過篩混合，加入水一起調勻，拌入蔥花，備用。

2. 起油鍋，中火，油少許。將麵糊倒入鍋中。待 30 秒 ~1 分鐘，麵糊煎至稍微凝結後再翻面。

3. 加入蛋液煎約 2~3 分鐘，再翻一次面，關火。

4. 加入配料起司片、鮪魚，蛋餅對折包覆配料即可起鍋，沾點蔭油膏享用更對味。

· 小秘訣 ·

煎麵糊的時候，粉漿別倒得太厚，煎出來的蛋餅才能外酥內嫩。

阿嬤的
白菜滷

長大後無比懷念的單純美味！
在阿公阿嬤的年代，
早餐就是要吃個鹹鹹的、有菜、有飯，
才能儲備一整天幹活的力氣，
這是我很想念也一定要推薦給大家的滋味！

【材料】

大白菜 — 半顆　　　　　紅蘿蔔切絲 — ⅓ 根

蒜末 — 4~5 顆　　　　　自製蛋酥 — 3 顆

豬肉片 — 少許　　　　　扁魚 — 10 片

金鉤蝦 — 50 克　　　　　鹽 — 少許

乾豬皮 — 100 克　　　　水 — 適量

香菇切片 — 4~5 朵

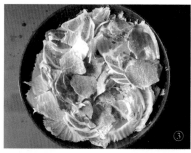

1. 泡發乾豬皮，泡開香菇備用。

2. 起油炸鍋，油溫約 150 度。利
　用濾網製作蛋酥：將打好的蛋
　液倒到濾網中，一邊搖晃濾網，
　讓蛋液下到油鍋中。蛋酥呈金
　黃色時即可撈出備用。

3. 起油鍋爆香蒜末和金鉤蝦，放
　入香菇炒香，再加入紅蘿蔔、
　大白菜、豬肉片、扁魚一起拌
　炒。

4. 加入水、泡發的豬皮、蛋酥，
　煮約 30~40 分鐘。再加少許鹽
　調味即成。

・小秘訣・

在白菜滷中加入蛋酥和少許的豬
肉、扁魚，能讓整道料理香氣口感
更加豐富。
要注意的是，因為扁魚本身帶有鹹
味，所以不必再下太多鹽巴調味。

7

電子鍋
料理

蘋果西打系列・滷肉飯・燉肉・豬腳｜野菜奶油雜炊
紅豆紫米粥｜港式臘味飯

電子鍋料理二三事 /

不是業配文之電子鍋真好用

對於做菜這件事，我一直認為「料理方式沒有一定，好吃就行。」因為對專業廚師來說，他們有紮實的料理底子和技巧，要辦一桌好料絕對不難，但是對於一般家庭的料理者而言，時間與廚房設備也都是要考慮進去的重點，所以除了分享美味秘訣，我也試著使用一般家庭的料理工具去研發菜色，讓大家能盡量輕鬆一些、更得心應手一點。

以往我們常會使用「傳統電鍋」做料理，的確已經很方便了，但電子鍋才是我最近的心頭好。有別於傳統電鍋是由底部的加熱盤間接加熱，外鍋需要放水以「蒸」的方式來熟成食物，電子鍋是直接加熱將食材「煮熟」，所以能更加的濃縮食材的氣味，這也就是為什麼很多婆婆媽媽會說「電子鍋煮出來的飯比較香」。

最近幾次做電子鍋料理後，我愈覺得電子鍋妙用無窮。除了含括一般的炊飯功能，要做蛋糕甚至麵包也可以。而我個人最常用電子鍋來做滷燉料理，像是書中示範的西打滷肉飯、燉肉、豬腳等等，每一道都能呈現我心目中想要的口感和滋味。

相對於以明火烹調，用電子鍋做料理能夠讓我不必待一旁顧火。在緊鑼

密鼓的拍攝這本書時，我將配好料的滷肉放進電子鍋後，就可以利用時間再處理下一道菜色，節省了許多時間，而且開鍋後，豬肉滷得熟透，醬汁濃稠，香味四溢，這道不花費我太多心力的滷肉飯，居然還榮登編輯和攝影師票選本書的第一名料理。

說了這麼多，還是要強調這可不是業配文喔（哈）！只是單純與大家分享一些經驗談，畢竟料理其實也是「一法通，萬法通」，所以與其說我簡化了各種料理的烹調方式，倒不如說是跟著大家在有限的廚房經驗和硬體資源中，去做一些變通，希望能帶給大家更多新的靈感！

小提醒：如果想要去除電子鍋的雜味、異味，可以將熱水倒入內鍋約七、八分滿，放置約一小時。也可以在內鍋中加入七分滿的冷水，按下加熱鍵，煮至開關跳起，關掉電源並拔掉插頭。再將內鍋的水倒除，擦拭乾淨即可。

電子鍋做出不遜色的燉肉、滷肉飯、滷豬腳。

西打
滷肉飯

用電子鍋就能滷出台灣最知名的在地小吃
使用蘋果西打做出來的滷肉飯真的比較香！
瘦肉滷得透而不爛，肥肉入口即化，
整碗飯還帶著一股焦糖香氣，光用聞的就開胃！

紅蔥頭切末 — 4 粒

三層肉切塊 — 3 斤

白糖 — 3 匙

水煮蛋 — 依個人喜好

油豆腐 — 依個人喜好

胡椒粉 — 少許

五香粉 — 少許

滷汁

薄鹽醬油 — 300c.c.

蘋果西打 — 1 瓶（2000c.c.）

1. 起油鍋，倒入少許沙拉油，炒香紅蔥頭呈金黃色，加入三層肉一起翻炒到表面金黃酥香。

2. 將步驟1炒好的肉料倒入鍋內，放入水煮蛋、油豆腐、蘋果西打、薄鹽醬油、白糖，再加入胡椒粉、五香粉調味。

3. 放入電子鍋中煮 40~50 分鐘。（開鍋後可視滷汁醬色和濃香度再煮 10~20 分鐘）

· 小秘訣 ·

一般滷肉通常需要加水，這裡我們直接用蘋果西打代替水分，這就是為什麼滷出來的肉比較香濃的秘密！建議使用薄鹽醬油來調味上色，以免滷肉和滷汁過於死鹹喔！

西打燉肉

言語無法形容的肉香和鹹甜味
煎得金黃酥脆的三層肉燉過之後，再充分吸取滷汁精華，
甜鹹的味道超級下飯！

帶皮三層肉 — 2 斤

蔥切段 — 3~4 根

老薑切片 — 數片

辣椒 — 2~3 條

蒜頭 — 6~7 粒

滷汁

蘋果西打 — 600c.c.

薄鹽醬油 — 300c.c.

米酒 — 30~50c.c.

1. 可先調製滷汁：
   蘋果西打＋薄鹽醬油的比例為
   2：1。再加入米酒 30~50c.c.。

2. 鍋內不放油，直接乾煎帶皮
   三層肉，逼出油脂。煎的時
   候，可將帶皮的部位朝下，
   讓表皮金黃酥脆。

3. 將煎好的三層肉放入內鍋，
   加入蔥段、老薑、辣椒、蒜
   頭，並倒入滷汁（薄鹽醬油、
   蘋果西打、米酒）。放入電
   子鍋燉煮約 20 分鐘。

4. 起鍋後，三層肉切片擺盤，
   淋上滷汁即完成。

· 小秘訣 ·

燉肉的滷汁中加入料理米酒能讓肉質
變得更柔軟。

西打豬腳

不用可樂,用西打滷豬腳更好吃!

如果沒有好幾年的廚房經驗,要滷出好吃的豬腳很麻煩,

傳統做法得要先醃再炸,最後再下去燉!

這次特別運用我以前「辦桌」的小祕技,

終於試出簡單用電子鍋完成的滷豬腳!

豬前腿 — 2 隻   胡椒粉 — 15 克

蔥 — 3 根   冰糖 — 50 克（白糖也可以）

辣椒 — 2 根   米酒 — 200c.c.

薑片 — 7~8 片   花生仁 — 適量（可放可不放）

滷汁

薄鹽醬油 — 500c.c.

蘋果西打 — 1000c.c.

1.　調配滷汁：
　　蘋果西打＋醬油的比例為 2:1。

2.　起油鍋，油可稍多。放入豬腳，
　　均勻翻動，將表皮煎得酥酥脆
　　脆的，煎的時間約 10 分鐘。

3.　豬腳夾入內鍋。加入蔥、辣椒、
　　薑片、胡椒粉、冰糖、米酒、
　　花生，再倒入步驟 1 的滷汁，
　　煮約 1 小時即完成。（若喜歡
　　較軟爛的口感，可再煮 30 分
　　鐘）

· 小秘訣 ·

豬腳的表面要煎得酥脆，燉煮起來
才會外皮 Q 彈、內部軟爛。

野菜奶油雜炊

超營養，最適合給小朋友帶便當

吃膩白飯、炒飯了嗎？

這是一道完全不需要任何烹調技巧的日式炊飯料理，

加入喜愛的時蔬和肉類，煮出一鍋新意滿滿的飯料理！

材料

米 — 1 杯

紅蘿蔔切丁 — 半根

洋蔥切丁 — $\frac{1}{4}$ 粒

杏鮑菇切小塊（鴻喜菇、雪白菇也可以）— 1 包

雞腿肉切小塊 — 適量

胡椒粉 — 少許

柴魚粉 — 少許

奶油 — 30 克

1. 白米洗淨濾乾水分，鍋內加入紅蘿蔔、洋蔥、杏鮑菇、雞腿肉，調味加入少許胡椒粉、柴魚粉和奶油。

2. 倒入 1.5 杯的水，稍微攪拌後放入電子鍋，直接以平時煮飯的方式蒸煮。

3. 起鍋後，攪拌均勻即可開動！

・小秘訣・

一般煮白飯是 1 杯米對 1 杯水，但炊飯質地要比白飯更具濕潤度，所以米水比例要調整為 1：1.5。

紅豆
紫米粥

暖身又暖心的甜點，
簡單到連從未下廚過的男生也能學會！

1. 紫米、紅豆先泡水一個晚上,較能煮出軟綿的口感。

2. 紫米、紅豆、水放入鍋內,「紫米加紅豆」和水的比例為 1:3。例如此處紫米是 200 克、紅豆 400 克,所以水量是紫米加紅豆的總克數再乘以 3,即為 1800c.c.

①

3. 放入電子鍋燉煮 1 小時後開鍋,加入糖調味。

4. 起鍋後,可加鮮奶油,味道也很搭。

④

港式臘味飯

果然銷魂，口齒留香！
港式臘味飯是香港人過年必吃的年菜，臘油和
特調淋醬和著米飯一起大口地扒，愈嚼愈香，
真的是好好味啊！

材料

白米 － 1 杯	蛋 － 1 顆
臘腸 － 2 條	蠔油 － 15c.c.
肝腸 － 2 條	開水 － 30c.c.
芥藍菜 － 少許	香油 － 5c.c.

1. 洗淨白米後，米水比例為 1：1，浸泡約 15 分鐘後蒸熟。

2. 起一鍋熱水，將臘腸和肝腸整條放入水中過過熱水。

3. 臘腸、肝腸切片，擺排於白飯上，覆上保鮮膜或蓋子後，入鍋蒸煮約 10~15 分鐘。

4. 利用蒸飯的時間，汆燙芥藍菜、煎太陽蛋備用，並調製淋醬：將蠔油、開水、香油依比例混合均勻即可。

5. 臘味飯起鍋後，淋上醬汁，並放上芥藍菜和太陽蛋即可開動！

· 小秘訣 ·

為了讓臘腸、肝腸的油脂與香味釋放到飯裡，所以建議要切片後再放到飯上。

聖凱師的
居家料理小教室

作者 — 黃聖凱

美術設計 — 張巖

攝影 — 二三開影像興業社

責任編輯 — 楊淑媚

校對 — 黃聖凱、楊淑媚

行銷企劃 — 王聖惠

第五編輯部總監 — 梁芳春

發行人 — 趙政岷

出版者 — 時報文化出版企業股份有限公司

　　　　10803 台北市和平西路三段二四〇號七樓

發行專線 — (02)2306-6842

讀者服務專線 — 0800-231-705、(02)2304-7103

讀者服務傳真 — (02)2304-6858

郵撥 — 19344724 時報文化出版公司

信箱 — 台北郵政 79 ～ 99 信箱

時報悅讀網 — http://www.readingtimes.com.tw

電子郵件信箱 — yoho@readingtimes.com.tw

法律顧問 — 理律法律事務所　陳長文律師、李念祖律師

印刷 — 詠豐印刷有限公司

定價 — 新台幣 329 元

初版一刷 — 2018 年 1 月 12 日

初版七刷 — 2018 年 11 月 23 日

時報文化出版公司成立於一九七五年，並於一九九九年股票上櫃公開發行，
於二〇〇八年脫離中時集團非屬旺中，以「尊重智慧與創意的文化事業」為信念。

聖凱師的居家料理小教室 / 黃聖凱作 . -- 初版 . -- 臺北市：
時報文化 , 2018.01　面；　公分
ISBN 978-957-13-7284-6（平裝）

1. 食譜
427.1　　　　　　　　　　　　　　　106024650